目　次

前　言

本标准由中国电力企业联合会提出。

本标准由电力行业高压开关设备及直流电源标准化技术委员会归口。

本标准主要起草单位：国网陕西省电力公司、中国电力科学研究院、国网河北省电力公司科学研究院。

本标准参加起草单位：北京人民电器厂有限公司、广州市仟顺电子设备有限公司、华北电力科学研究院有限责任公司、四川电力科学研究院、山西省临汾市供电公司、广东省电力公司、广东省深圳供电局、深圳奥特迅电力设备股份有限公司、许继电源有限公司、山东鲁能智能技术有限公司、杭州中恒电气股份有限公司、浙江科畅电子有限公司、河北创科电子科技有限公司。

本标准起草人：隋喆、樊树根、赵宝良、赵梦欣、顾霓鸿、张振乾、曹轩、高鹏、任东红、白展、李石、李秉宇、南寅、赵志群、徐玉风、王雪楠、陈晓东、沈丙申、王典伟、李晶、柳润马、刘玮、杨忠亮、王凤仁、肖向荣、罗治军、姜志华、黄元训、陈书欣、马建辉。

本标准执行过程中的意见或建议反馈至中国电力企业联合会标准化管理中心（北京市白广路二条一号，100761）。

直流电源系统绝缘监测装置技术条件

1 范围

本标准规定了电力用直流电源系统绝缘监测装置的基本技术要求和安全性要求，以及检验方法、检验规则、标志、包装和贮运，并给出了产品型号的编制方式。

本标准适用于电力系统发电厂、变电站和其他电力工程的直流电源系统中，具有接地故障自动检测、自动选线和自动报警功能的绝缘监测装置（简称产品）的设计、制造、选择、订货和试验。

2 规范性引用文件

下列文件对于本标准的应用是必不可少的。凡是注日期的引用文件，仅注日期的版本适用于本标准。凡是不注日期的引用文件，其最新版本（包括所有的修改单）适用于本标准。

GB/T 191 包装储运图示标志

GB/T 2423.1—2008 电工电子产品环境试验 第 2 部分：试验方法 试验 A：低温

GB/T 2423.2—2008 电工电子产品环境试验 第 2 部分：试验方法 试验 B：高温

GB/T 2423.5—1995 电工电子产品环境试验 第 2 部分：试验方法 试验 Ea 和导则：冲击

GB/T 2423.6—1995 电工电子产品环境试验 第 2 部分：试验方法 试验 Eb 和导则：碰撞

GB/T 2423.10—2008 电工电子产品环境试验 第 2 部分：试验方法 试验 Fc：振动（正弦）

GB/T 2900.1 电工术语 基本术语

GB/T 2900.17 电工术语 量度继电器

GB/T 2900.32 电工术语 电力半导体器件

GB/T 2900.33 电工术语 电力电子技术

GB 4208—2008 外壳防护等级（IP 代码）

GB/T 4365 电工术语 电磁兼容

GB/T 13384 机电产品包装通用技术条件

GB/T 17626.2—2006 电磁兼容 试验和测量技术 静电放电抗扰度试验

GB/T 17626.3—2006 电磁兼容 试验和测量技术 射频电磁场辐射抗扰度试验

GB/T 17626.4—2008 电磁兼容 试验和测量技术 电快速瞬变脉冲群抗扰度试验

GB/T 17626.5—2008 电磁兼容 试验和测量技术 浪涌（冲击）抗扰度试验

GB/T 17626.6—2008 电磁兼容 试验和测量技术 射频场感应的传导骚扰抗扰度试验

GB/T 17626.8—2006 电磁兼容 试验和测量技术 工频磁场抗扰度试验

GB/T 17626.10—1998 电磁兼容 试验和测量技术 阻尼振荡磁场抗扰度试验

GB/T 17626.12—2013 电磁兼容 试验和测量技术 振铃波抗扰度试验

GB/T 17626.29—2006 电磁兼容 试验和测量技术 直流电源输入端口电压暂降、短时中断和电压变化的抗扰度试验

DL/T 459—2000 电力系统直流电源柜订货技术条件

3 术语和定义

GB/T 2900.1、GB/T 2900.17、GB/T 2900.32、GB/T 2900.33 和 GB/T 4365 确立的以及下列术语和定义适用于本标准。

3.1

直流系统绝缘监测装置　insulation monitoring device for DC power system

用于监测直流系统绝缘降低或接地，具有支路选线和报警功能的电子装置。

3.2

直流系统绝缘监测装置主机　insulation monitoring host

配备平衡桥、检测桥和直流漏电流传感器，用于监测直流系统绝缘降低或接地，具有馈线屏（柜）馈出支路选线功能的绝缘监测装置。

3.3

直流系统绝缘监测装置分机　insulation monitoring parasite

仅配备直流漏电流传感器，用于监测直流分电屏（柜）馈出支路的绝缘降低或接地，具有分电屏（柜）馈出支路选线功能的绝缘监测装置。

3.4

平衡桥电阻　resistor in equalization bridge

一端分别接于直流系统正负母线，另一端接地的两个阻值相同的电阻。平衡桥上的两个电阻用于维持直流系统正负母线对地电压相等。

3.5

检测桥电阻　resistor in inspection bridge

一端通过开关器件分别接于直流系统正负母线，另一端接地的两个阻值相同的电阻。当测量直流系统正负母线对地绝缘电阻时，通过检测桥上开关器件的导通或断开，使桥臂上的电阻接入或退出直流系统，导致正负母线对地电压产生波动。

3.6

补偿桥电阻　resistor in compensation bridge

一端通过开关器件分别接于直流系统正负母线，另一端通过多个组合电阻接地，当系统正负母线对地绝缘发生较大偏移时自动通过投入，使系统绝缘暂时维持在相对平衡状态的补偿电阻。

3.7

直流电压检测法　DC voltage inspection method

利用直流系统正负母线对地电压的变化计算出系统正负极对地绝缘电阻的方法。

3.8

直流漏电流检测法　DC leakage current inspection method

利用直流系统正负母线对地电压变化时各支路漏电流的变化计算出各支路正负极对地绝缘电阻的方法。

3.9

低频信号注入检测法　low frequency signal injection method

通过依次向直流系统正负母线与地之间注入一个低频交流信号，利用各支路漏电流的数值计算出各支路正负极对地绝缘电阻的方法。

3.10

直流标称电压　DC nominal voltage

系统被指定的电压。

3.11

直流额定电压　DC rated voltage

用供电设备的直流额定电压表示的电压。

ICS 27.100
F 24
备案号：47964-2015

中华人民共和国电力行业标准

DL／T 1392—2014

直流电源系统绝缘监测装置技术条件

Technical specification of insulation monitoring devices
for DC power system

2014-10-15发布   2015-03-01实施

国家能源局   发布

［DL/T 459—2000，定义 3.7］

3.12

直流系统对地电压偏移系数　voltages to ground offset coefficient

直流系统绝缘降低时，正负母线对地电压与直流系统标称电压的 50%之比。

3.13

直流系统对地电压波动系数　voltages to ground fluctuation coefficient

直流系统绝缘监测装置中检测桥电阻投入或退出时，正负母线对地电压与直流系统标称电压的 50%之比。

3.14

保护误动风险因数　risk coefficient for protection malfunction

为防止一点接地后电容放电引发的保护误动，当直流系统正负母线对地电压的比值超过某一固定值时，应触发装置发出电压报警信息，该值称为保护误动风险因数。

3.15

交流窜电　AC injection

工频交流系统与直流系统发生的非正常电气连接。

3.16

直流互窜　DC crosstalk

两段直流母线及其馈出支路相互发生的非正常电气连接，或两套直流系统相互发生的非正常电气连接。

4　产品型号编制方式

产品的分类及命名由企业产品标准规定。产品的型号推荐使用图 1 方式进行编制。

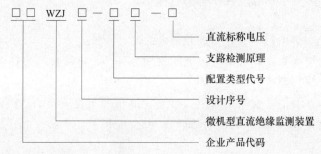

注 1：企业产品代码由生产厂家自行确定。

注 2：WZJ 中第一个字母表示微机型，第二个字母表示直流，第三个字母表示绝缘监测装置。

注 3：设计序号由生产厂家自行确定。

注 4：配置类型代号用罗马数字和附加字母表示：

——Ⅰ为具有直流系统绝缘监测和支路选线功能，适用于供电网络无分电屏（柜）的厂站系统；

——Ⅱ为具有直流系统绝缘监测和馈线屏及分电屏支路选线功能，适用于供电网络有分电屏的厂站系统；

——附加字母 H 为具备直流互窜检测功能的直流绝缘监测装置，适用于蓄电池组双配置的厂站。

注 5：支路检测原理用字母表示，L 为直流漏电流法、Z 为低频注入法。

注 6：直流标称电压为 220V 或 110V。

图 1　产品型号编制方式

5　基本技术要求

5.1　使用条件要求

5.1.1　正常使用环境条件

5.1.1.1　产品运行期间周围环境温度不高于＋45℃，不低于–10℃。

5.1.1.2 空气相对湿度：日平均相对湿度不大于95%，月平均相对湿度不大于90%，且表面无凝露。

5.1.1.3 海拔不超过2000m，大气压力范围为80kPa～110kPa。

5.1.1.4 安装使用地点无强烈振动和冲击，无强烈电磁干扰，空气中无爆炸危险及导电介质，不含有腐蚀金属和破坏绝缘的有害气体。

5.1.2 正常使用电气条件

正常使用电气条件应符合表1的规定。

表1 正 常 使 用 电 气 条 件

直流系统标称电压 V	工作电压范围 V	直流系统纹波系数 %
220	176～286	5
110	88～143	5

5.1.3 特殊使用环境及电气条件

超出5.1.1和5.1.2规定的使用条件为特殊使用条件，应由用户与制造厂协商确定。

5.2 结构与元器件要求

5.2.1 一般要求

5.2.1.1 产品的外形尺寸、安装尺寸及结构应符合企业产品标准的规定，并适应电力系统屏（柜）的安装要求。

5.2.1.2 元器件应符合现行相关国家标准或行业标准的规定。

5.2.1.3 应选用有产品合格证或质量合格证明文件的元器件，不得选用淘汰、落后的元器件。

5.2.1.4 面板上的元器件应安装牢固，并伴有醒目标记。

5.2.2 外观要求

5.2.2.1 面板上的元器件应采用以下方式合理布局：

a）产品正面应朝向巡视和操作者，面板上的按钮、开关、连接片等操作器件，以及各类声、光信号等指示器件应排列整齐、端正美观。

b）产品背面的电源、通信、输入、输出、接地等端子的布置应便于接线、行线和试验。

5.2.2.2 用以说明面板上元器件功能的文字、符号、标志应正确、清晰、端正、耐久。

5.2.3 外壳要求

5.2.3.1 产品的外壳应采用防锈蚀、防老化、防潮、阻燃，不产生有害气体，具有一定机械强度且不易变形的材料制作。

5.2.3.2 产品的外壳应平整光滑，四周无突出异物。

5.2.3.3 产品外壳的防护等级应不低于GB 4208—2008中IP30的规定。

5.2.3.4 产品试验用电源与监测接口端子规范图见附录A。

5.2.4 其他要求

5.2.4.1 产品背面的端子和引线应选用阻燃型器件。

5.2.4.2 产品背面应有保护接地端子以及明显的接地标志。接地连接处有防锈、防粘漆措施，应能通过屏（柜）实现可靠接地。

5.3 一般要求

5.3.1 直流系统绝缘监测装置应具有较高的绝缘故障监测灵敏度和绝缘阻值测量精度，应能连续长期运行，必须具有防止直流系统一点接地引起保护误动的功能。

5.3.2 直流系统绝缘监测装置应采用直流电压检测法原理，直流系统支路绝缘监测装置宜采用直流漏电流检测法原理，也可采用低频信号注入法原理。

5.3.3 直流系统绝缘监测装置主机应安装在直流馈线屏（柜）内，应具有系统绝缘及馈线屏（柜）馈出支路绝缘监测功能，并配置平衡桥、检测桥及相应的电流传感器。

5.3.4 直流系统绝缘监测装置分机应装在直流分电屏（柜）内，应具有分电屏（柜）支路绝缘监测功能，并配置相应电流传感器，但不配置平衡桥及检测桥。

5.3.5 平衡桥电阻的阻值选择应满足下列要求：

    a) 当系统正极对地绝缘电阻下降为预警值 100kΩ时，系统正负极对地电压比值范围应处在安全区域，即负正极对地电压比值（U_-/U_+）小于 1.222，且系统正负极对地绝缘电阻的差值应越大越好；

    b) 当系统负极对地绝缘电阻为产品绝缘检测范围最大值 999kΩ时，系统正负极对地电压比值范围应处在安全区域，即负正极对地电压比值（U_-/U_+）小于 1.222，且系统正负极对地绝缘电阻的差值应越大越好。

5.3.6 直流系统绝缘监测装置主机和分机均应具有信息显示功能。

5.3.7 直流系统绝缘监测装置在检测系统绝缘电阻的过程中，在系统突发一点接地时，不得造成继电保护出口继电器的误动。

5.4 显示及检测功能

5.4.1 直流系统绝缘监测装置应能实时监测并显示直流系统母线电压、正负母线对地直流电压、正负母线对地交流电压、正负母线对地绝缘电阻及支路对地绝缘电阻等数据，且符合表 2 和表 3 的规定。

表 2 电压检测范围及测量精度

显示项目	电压检测范围	测量精度
母线电压 U_b	$80\%U_n \leqslant U_b \leqslant 130\%U_n$	±1.0%
正负母线对地直流电压 U_d	$U_d < 10\%U_n$	应显示具体数值
	$10\%U_n \leqslant U_d \leqslant 130\%U_n$	±1.0%
正负母线对地交流电压 U_a	$U_a < 10V$	应显示具体数值
	$10V \leqslant U_a \leqslant 242V$	±5.0%
注：U_n 为直流系统标称电压。		

表 3 对地绝缘电阻检测范围及测量精度

显示项目	对地绝缘电阻 R_i 检测范围 kΩ	测量精度
正负母线对地绝缘电阻	$R_i < 10$	应显示具体数值
	$10 \leqslant R_i \leqslant 60$	±5%
	$60 < R_i \leqslant 200$	±10%
	$R_i > 200$	应显示具体数值
支路对地绝缘电阻	$R_i < 10$	应显示具体数值
	$10 \leqslant R_i \leqslant 50$	±15%
	$50 < R_i \leqslant 100$	±25%
	$R_i > 100$	应显示具体数值

5.4.2 产品应能以下列多种方式启动检测桥，实时测量系统对地绝缘电阻：

    a) 产品开机自行启动；

b）产品断电恢复后自行启动；

c）产品定时启动（现场可设置）；

d）系统正负母线对地电压压差或系统正负母线对地电压自身变化量启动；

e）人工启动。

5.5 报警功能

5.5.1 绝缘报警

5.5.1.1 基本功能

当直流系统发生下列故障时，产品应能迅速、准确、可靠动作，发出绝缘故障报警信息：

a）单极一点接地及绝缘降低；

b）单极多点接地及绝缘降低；

c）两极同支路同阻值接地及绝缘降低；

d）两极同支路不同阻值接地及绝缘降低；

e）两极不同支路同阻值接地及绝缘降低；

f）两极不同支路不同阻值接地及绝缘降低。

5.5.1.2 系统绝缘降低报警

系统绝缘降低报警功能应满足下列要求：

a）直流系统对地绝缘电阻报警值可在 10kΩ～60kΩ 范围内设定；

b）直流系统中任何一极的对地绝缘电阻降低到表 4 中的整定值时，应发出报警信息；

c）直流系统对地绝缘故障报警响应时间应不大于 100s；

d）直流系统对地绝缘故障报警准确率应为 100%；

e）直流系统对地绝缘电阻小于等于报警值时，产品应自行启动支路选线功能。

表 4　绝缘电阻报警整定值

直流系统标称电压 V	绝缘电阻报警整定值 kΩ
220	25
110	15

5.5.1.3 支路绝缘降低报警

支路绝缘降低报警功能应满足下列要求：

a）支路任何一极的对地绝缘电阻低于 50kΩ 时，应发出报警信息；

b）支路选线响应时间应不大于 180s；

c）支路绝缘监测宜采用传感器，选线支路数宜为 32 路、64 路、128 路；

d）支路接地选线准确率应为 100%。

5.5.2 绝缘预警

5.5.2.1 直流绝缘监测装置应具备绝缘降低预警功能，设备绝缘预警值为报警值的 2 倍。

5.5.2.2 直流系统中任何一极对地绝缘电阻降低到表 5 中的整定值时，应发出预警信息。

表 5　绝缘电阻预警整定值

直流系统标称电压 V	绝缘电阻预警整定值 kΩ
220	50
110	30

5.5.2.3 直流系统对地绝缘电阻小于等于预警值时，产品应自行启动支路选线功能。

5.5.2.4 支路任何一极的对地绝缘电阻低于100kΩ时，应发出预警信息。

5.5.3 母线电压异常报警

5.5.3.1 当直流系统母线电压大于等于标称电压的110%时，产品应发出母线过电压报警信息。

5.5.3.2 当直流系统母线电压小于等于标称电压的90%时，产品应发出母线欠电压报警信息。

5.5.4 母线对地电压偏差报警

5.5.4.1 在绝缘检测过程中，因投切检测桥必然引起系统正负母线对地电压的波动，系统负母线对地电压应小于系统额定电压的55%，当负极对地电压大于表6整定值时，产品应发出报警信息。

表6 直流系统波动电压的整定

直流系统额定电压 U_N V	波动整定值 V
230	$U_- \leqslant 55\% \ U_N$
115	$U_- \leqslant 55\% \ U_N$

5.5.4.2 为防止直流系统一点接地引发保护误动，直流系统正负母线对地电压比值不得超出表7规定的范围，超出时产品应发出报警信息。

表7 由多种因素造成的直流系统正负母线对地电压比值

直流系统额定电压 U_N V	正负母线对地电压比值
230	$U_-/U_+ = 0.55/0.45 \leqslant 1.222$
115	$U_-/U_+ = 0.55/0.45 \leqslant 1.222$
注：U_+为正母线对地电压，U_-为负母线对地电压。	

5.5.5 交流窜电报警

5.5.5.1 当直流系统发生有效值10V及以上的交流窜电故障时，产品应能发出交流窜电故障报警信息，并显示窜入交流电压的幅值。

5.5.5.2 产品应能选出交流窜入的故障支路。

5.5.6 直流互窜报警

5.5.6.1 当直流系统发生直流互窜故障时，产品应能发出直流互窜故障报警信息。

5.5.6.2 产品应能选出直流互窜的故障支路。

5.5.7 自身异常报警

产品应具有自检功能，当发生下列故障时，产品应能发出自身异常报警信息：

a) 平衡桥电阻开路；

b) 检测桥电阻开路；

c) 平衡桥退出功能异常；

d) 支路漏电流采样回路异常；

e) 通信中断。

5.5.8 其他功能

5.5.8.1 产品应采用以下顺序显示故障报警信息：交流窜电故障、直流接地故障、直流互窜故障。

5.5.8.2 报警信息应包括以下内容：交流窜电幅值、直流系统母线电压、正负母线对地电压、正负母线对地绝缘电阻、支路对地绝缘电阻、故障发生时间及故障支路编号等信息。

5.5.8.3 故障信息显示应实时、准确、可靠、清晰，并应符合下列要求：
 a） 对绝缘报警、绝缘预警和产品自身异常应采用故障指示灯的方式加以提示；
 b） 对交流窜电故障、直流互窜故障应采用背光、闪烁等方式加以提示。

5.5.8.4 产品应具备直流系统母线电压、绝缘电阻等整定值的本地、远方设定功能。

5.5.8.5 故障消失后报警信息应能自动复归。

5.6 附加功能

5.6.1 产品应配置液晶屏以显示相关信息，并具备相应的状态指示灯，如电源指示灯、运行指示灯、分机工作指示灯、报（预）警指示灯、自身故障指示灯。

5.6.2 产品宜具备绝缘状态分析诊断系统。

5.6.3 当直流系统正负母线对地电压的比值超出保护误动风险因数时，产品应能通过对地电压偏差补偿桥使直流系统正负母线对地电压暂时维持在一个相对平衡对称状态。

5.6.4 产品应具有对时功能。

5.6.5 产品应满足与直流电源监控装置或上位机的通信要求，具有标准通信接口和通信规约，具有无源输出触点，并符合相关标准的规定。

6 安全要求

6.1 绝缘性能要求

6.1.1 电气绝缘性能试验部位

产品的下列部位应进行电气绝缘性能试验：
 a） 各独立电路与地（即金属框架）之间；
 b） 无电气联系的各电路之间。

6.1.2 绝缘电阻

用绝缘电阻测试仪器测量 6.1.1 所列部位的绝缘电阻。测试仪器的开路电压等级应符合表 8 的规定，绝缘电阻应不小于 $10M\Omega$。

6.1.3 介质强度

用工频耐压试验产品对 6.1.1 所列部位施加频率为（50±5）Hz 的工频电压 1min，或用直流耐压试验产品施加直流电压 1min。试验电压应符合表 8 的规定，试验过程中应无绝缘击穿和闪络现象。

6.1.4 冲击耐压

用冲击耐压试验产品对 6.1.1 所列部位施加正负极性各 3 次的冲击电压，每次间歇时间不小于 5s。试验电压应符合表 8 的规定，电压波形为标准雷电波，试验过程中应无击穿放电现象。

表 8 绝缘试验的试验等级

额定绝缘电压 U_N V	绝缘电阻测试仪器的电压等级 V	介质强度试验电压 kV	冲击耐压试验电压 kV
$U_N \leq 63$	250	1.0（1.4）	1.0
$63 < U_N \leq 250$	500	2.0（2.8）	5.0
$250 < U_N \leq 500$	1000	2.5（3.5）	12
注 1：括号内数据为直流介电强度试验值。			
注 2：出厂试验时，介质强度试验允许试验电压高于表 8 中规定值的 10%，试验时间为 1s。			

6.2 电磁兼容要求

6.2.1 电磁兼容检验结果

抗扰度试验过程中可能出现以下四种结果：

a） 在制造商、委托方或采购方规定的限值内性能正常；

b） 功能或性能暂时丧失或降低，但在骚扰停止后能自行恢复，不需要操作者干预；

c） 功能或性能暂时丧失或降低，但需操作者干预才能恢复；

d） 因设备硬件或软件损坏，或数据丢失而造成不能恢复的功能丧失或性能降低。

6.2.2 合格判定

在试验中出现 6.2.1 的 a）或 b）中的结果，判定为合格；在试验中出现 6.2.1 的 c）或 d）中的结果，判定为不合格。

6.2.3 静电放电抗扰度

设备应能承受 GB/T 17626.2—2006 中第 5 章规定的试验等级为 3 级的静电放电抗扰度试验。

6.2.4 射频电磁场辐射抗扰度

设备应能承受 GB/T 17626.3—2006 中第 5 章规定的试验等级为 3 级的射频电磁场辐射抗扰度试验。

6.2.5 电快速瞬变脉冲群抗扰度

设备应能承受 GB/T 17626.4—2008 中第 5 章规定的试验等级为 3 级的电快速瞬变脉冲群振荡波抗扰度试验。

6.2.6 浪涌（冲击）抗扰度

设备应能承受 GB/T 17626.5—2008 中第 5 章规定的试验等级为 4 级的浪涌（冲击）抗扰度试验。

6.2.7 射频场感应的传导骚扰抗扰度

设备应能承受 GB/T 17626.6—2008 中第 5 章规定试验等级为 3 级的射频场感应的传导骚扰抗扰度试验。

6.2.8 工频磁场抗扰度

设备应能承受 GB/T 17626.8—2006 中第 5 章规定试验等级为 4 级的工频磁场抗扰度试验。

6.2.9 阻尼振荡磁场抗扰度

设备应能承受 GB/T 17626.10—1998 中第 5 章规定试验等级为 4 级的阻尼振荡磁场抗扰度试验。

6.2.10 振荡波抗扰度

设备应能承受 GB/T 17626.12—2013 中规定的试验等级为 3 级的 1MHz 和 100kHz 振荡波抗扰度试验。

6.2.11 直流电源输入端口电压短时中断的抗扰度

设备应能承受 GB/T 17626.29—2006 中第 5 章规定的试验等级为 $0\%U_T$，分别以表 1 规定的工作电压范围的上限和下限作为试验等级基准 U_T，持续时间为 0.3s 的直流电源输入端口电压短时中断的抗扰度试验。

6.3 环境适应要求

6.3.1 环境适应检验合格判据

6.3.1.1 正常工作是指显示、通信及各项报警功能正常，不允许有功能丧失。

6.3.1.2 外观不发生明显变化是指表面零件不发生脱落，外壳不出现明显变形，防护等级仍符合 5.2.3.3 的规定。

6.3.2 低温

设备应能承受 GB/T 2423.1—2008 中"试验 Ad：散热试验样品温度渐变的低温试验——试验样品在温度开始稳定后通电"规定的，以本标准 5.1.1.1 规定的设备运行环境温度下限作为试验温度，持续时间为 2h 的低温试验。在试验期间和试验结束后，产品应能正常工作。

6.3.3 高温

设备应能承受 GB/T 2423.2—2008 中"试验 Bd：散热试验样品温度渐变的高温试验——试验样品在升温调节期不通电"规定的，以本标准 5.1.1.1 规定的设备运行环境温度上限作为试验温度，持续时间为 2h 的高温试验。在试验期间和试验结束后，产品应能正常工作。

6.3.4 冲击

设备应能承受 GB/T 2423.5—1995 中第 5 章规定的，在每个轴向上，峰值加速度为 300m/s²，标称脉冲持续时间为 18ms，采用半正弦形脉冲波形的冲击试验。在试验结束后，产品外观不应发生明显变化，通电后应能正常工作。

6.3.5 碰撞

设备应能承受 GB/T 2423.6—1995 中第 5 章规定的，在每个轴向上，峰值加速度为 100m/s²，标称脉冲持续时间为 16ms，碰撞次数为 1000 次的碰撞试验。在试验结束后，产品外观不应发生明显变化，通电后应能正常工作。

6.3.6 振动（正弦）

6.3.6.1 振动响应检查

设备应能承受 GB/T 2423.10—2008 中第 5 章规定的，在 10Hz～150Hz 范围内，在每个轴向上，位移幅值为 3.5mm 或加速度幅值为 10m/s² 的振动响应检查试验。

6.3.6.2 耐久试验

6.3.6.2.1 一般规定

在振动响应检查中，如果在 10Hz～150Hz 的频率范围内出现机械共振或其他作用的响应，应进行定频耐久试验，否则进行扫频耐久试验。在耐久试验结束后，产品外观不应发生明显变化，通电后应能正常工作。

6.3.6.2.2 扫频耐久试验

设备应能承受 GB/T 2423.10—2008 中 5.3.1 中的规定，在每个轴向上进行 20m/s² 的扫频循环。

6.3.6.2.3 定频耐久试验

设备应能承受 GB/T 2423.10—2008 中 5.3.2 中的规定，在振动响应检查中在每一轴向上找到的每个危险频率上，进行持续时间为 10min 的振动耐久试验。

6.4 系统安全性要求

6.4.1 产品主机应配置平衡桥，作为产品正常工作的必备电路结构，用于维持直流系统对地电压的相对平衡。

6.4.2 产品的设计应满足下列要求：

a) 当产品平衡桥负极电阻损坏或开路且保护出口继电器线圈正电源侧接地时（220V 直流系统最灵敏的继电器线圈阻值为 20kΩ），直流系统负极对地电压不得超过系统额定电压的 55%；

b) 当直流系统正极对地绝缘降低且保护出口继电器线圈正电源侧接地时（220V 直流系统最灵敏的继电器线圈阻值为 20kΩ），不应由于产品检测桥的投切引起直流系统负极对地电压超过系统额定电压的 55%。

7 检验方法

7.1 防护等级试验

检验方法按 GB4208—2008 中规定的方法进行，检验结果应符合 5.2.3.3 的要求。

7.2 电气绝缘性能试验

7.2.1 绝缘电阻测量

在 6.1.1 规定的部位用表 8 规定试验电压等级的绝缘电阻表测量绝缘电阻，测量结果应满足 6.1.2 的规定。

7.2.2 介质强度试验

用工频或直流耐压试验产品，对 6.1.1 规定的部位施加表 8 规定的试验电压 1min，试验结果应满足 6.1.3 的规定。

7.2.3 冲击耐压试验

将冲击电压施加在 6.1.1 规定的部位，其他电路和外露的导电部分连在一起接地。按表 8 规定的试验电压，施加 3 次正极性和 3 次负极性雷电冲击电压，每次间歇时间不小于 5s，试验结果应满足 6.1.4 的规定。

7.3 电磁兼容性（抗扰度）试验

7.3.1 静电放电抗扰度试验

按 GB/T 17626.2—2006 中第 8 章规定的试验方法和本标准 6.2.3 规定的试验等级进行。试验结果应满足本标准 6.2.2 的规定。

7.3.2 射频电磁场辐射抗扰度试验

按 GB/T 17626.3—2006 中第 8 章规定的试验方法和本标准 6.2.4 规定的试验等级进行。试验结果应满足本标准 6.2.2 的规定。

7.3.3 电快速瞬变脉冲群抗扰度试验

按 GB/T 17626.4—2008 中第 8 章规定的试验方法和本标准 6.2.5 规定的试验等级进行。试验结果应满足本标准 6.2.2 的规定。

7.3.4 浪涌（冲击）抗扰度试验

按 GB/T 17626.5—2008 中第 8 章规定的试验方法和本标准 6.2.6 规定的试验等级进行。试验结果应满足本标准 6.2.2 的规定。

7.3.5 射频场感应的传导骚扰抗扰度试验

按 GB/T 17626.6—2008 中第 8 章规定的试验方法和本标准 6.2.7 规定的试验等级进行。试验结果应满足本标准 6.2.2 的规定。

7.3.6 工频磁场抗扰度试验

按 GB/T 17626.8—2006 中第 8 章规定的试验方法和本标准 6.2.8 规定的试验等级进行。试验结果应满足本标准 6.2.2 的规定。

7.3.7 阻尼振荡磁场抗扰度试验

按 GB/T 17626.10—1998 中第 8 章规定的试验方法和本标准 6.2.9 规定的试验等级进行。试验结果应满足本标准 6.2.2 的规定。

7.3.8 振荡波抗扰度试验

按 GB/T 17626.12—2013 中规定的试验方法和本标准 6.2.10 规定的试验等级进行。试验结果应满足本标准 6.2.2 的规定。

7.3.9 直流电源输入端口电压短时中断的抗扰度试验

按 GB/T 17626.29—2006 中第 8 章规定的试验方法和本标准 6.2.11 规定的试验等级进行。试验结果应满足本标准 6.2.2 的规定。

7.4 环境试验

7.4.1 低温试验

按 GB/T 2423.1—2008 中第 6 章规定的试验方法和本标准 6.3.2 规定的严酷等级进行试验。试验结果应满足本标准 6.3.2 的规定。

7.4.2 高温试验

按 GB/T 2423.2—2008 中第 6 章规定的试验方法和本标准 6.3.3 规定的严酷等级进行试验。试验结果应满足本标准 6.3.3 的规定。

7.4.3 冲击试验

按 GB/T 2423.5—1995 规定的试验方法和本标准 6.3.4 规定的严酷等级进行试验。试验结果应满足本标准 6.3.4 的规定。

7.4.4 碰撞试验

按 GB/T 2423.6—1995 规定的试验方法和本标准 6.3.5 规定的严酷等级进行试验。试验结果应满足本标准 6.3.5 的规定。

7.4.5 振动试验

按 GB/T 2423.10—2008 规定的试验方法和本标准 6.3.6 规定的严酷等级进行试验。试验结果应满足本标准 6.3.6.2.1 的规定。

7.5 系统安全性试验

7.5.1 电阻分压引起保护误动试验

产品平衡桥回路负极电阻开路，直流系统正极对地绝缘电阻在 70kΩ 及以上，负极通过 20kΩ 电阻接地，负极对地电压应符合 5.5.4 和 6.4.2 的规定。

7.5.2 电容放电引起保护误动试验

在正常工作状态，当产品中检测桥在投入或退出时，导致直流系统正负母线对地电压波动，在检测桥工作期间负极对地电压应满足 5.5.4 和 6.4.2 的规定。

直流系统一点接地引起保护误动模拟试验方案参见附录 B。

7.6 电压测量精度试验

7.6.1 母线电压测量精度试验

7.6.1.1 将精度不低于 0.1 级或显示位数不少于 6 位半的测量表计作为标准表计，将其测量端接至直流系统正负母线，在表 2 规定的范围内将产品的示数与表计的示数进行直接比较。

7.6.1.2 按式（1）计算母线电压测量精度。

$$\delta_U = \frac{U_C - U_s}{U_s} \times 100\% \tag{1}$$

式中：

δ_U ——母线电压测量精度；

U_C ——产品的示数；

U_s ——表计的示数。

7.6.1.3 母线电压测量精度应符合表 2 的规定。

7.6.2 母线正极对地电压测量精度试验

7.6.2.1 将精度不低于 0.1 级或显示位数不少于 6 位半的测量表计作为标准表计，将其测量端接至直流系统正母线与地之间，在表 2 规定的范围内将产品的示数与表计的示数进行直接比较。

7.6.2.2 按式（2）计算母线正极对地电压测量精度。

$$\delta_{U+} = \frac{U_{C+} - U_{s+}}{U_{s+}} \times 100\% \tag{2}$$

式中：

δ_{U+} ——母线正极对地电压测量精度；

U_{C+} ——产品的示数；

U_{s+} ——表计的示数。

7.6.2.3 母线正极对地电压测量精度应符合表 2 的规定。

7.6.3 母线负极对地电压测量精度试验

7.6.3.1 将精度不低于 0.1 级或显示位数不少于 6 位半的测量表计作为标准表计，将其测量端接至直流系统负母线与地之间，在表 2 规定的范围内将产品的示数与表计的示数进行直接比较。

7.6.3.2 按式（3）计算母线负极对地电压测量精度。

$$\delta_{U-} = \frac{U_{C-} - U_{s-}}{U_{s-}} \times 100\% \tag{3}$$

式中：

δ_{U-}——母线负极对地电压测量精度；

U_{C-}——产品的示数；

U_{S-}——表计的示数。

7.6.3.3 母线负极对地电压测量精度应符合表 2 的规定。

7.6.4 母线对地交流电压测量精度试验

7.6.4.1 用自耦调压器将交流电压接至直流系统（正或负）母线与地之间，将精度不低于 0.1 级或显示位数不少于 6 位半的测量表计作为标准表计，并将其测量端接至直流系统（正或负）母线与地之间，调节自耦调压器，在表 2 规定的范围内将产品的示数与表计的示数进行直接比较。

7.6.4.2 按式（4）计算母线对地交流电压测量精度。

$$\delta_{Uj} = \frac{U_{Cj} - U_{Sj}}{U_{Sj}} \times 100\% \qquad (4)$$

式中：

δ_{Uj}——母线对地交流电压测量精度；

U_{Cj}——产品的示数；

U_{Sj}——表计的示数。

7.6.4.3 母线对地交流电压测量精度应符合表 2 的规定。

7.7 绝缘电阻测量精度试验

7.7.1 母线正极对地绝缘电阻测量精度试验

7.7.1.1 将准确度不低于±0.5%的精密电阻箱接至直流系统正母线与地之间，调节电阻箱，在表 3 规定的范围内将产品的示数与电阻箱的整定值进行比较。

7.7.1.2 按式（5）计算母线正极对地绝缘电阻测量精度。

$$\delta_{R+} = \frac{R_+ - R_{S+}}{R_{S+}} \times 100\% \qquad (5)$$

式中：

δ_{R+}——母线正极对地绝缘电阻测量精度；

R_+——产品的示数；

R_{S+}——电阻箱的整定值。

7.7.1.3 母线正极对地绝缘电阻测量精度应符合表 3 的规定。

7.7.2 母线负极对地绝缘电阻测量精度试验

7.7.2.1 将准确度不低于±0.5%的精密电阻箱接至直流系统负母线与地之间，调节电阻箱，在表 3 规定的范围内将产品的示数与电阻箱的整定值进行比较。

7.7.2.2 按式（6）计算母线负极对地绝缘电阻测量精度。

$$\delta_{R-} = \frac{R_- - R_{S-}}{R_{S-}} \times 100\% \qquad (6)$$

式中：

δ_{R-}——母线负极对地绝缘电阻测量精度；

R_-——产品的示数；

R_{S-}——电阻箱的整定值。

7.7.2.3 母线负极对地绝缘电阻测量精度应符合表 3 的规定。

7.7.3 馈线正极对地绝缘电阻测量精度试验

7.7.3.1 将准确度不低于±0.5%的精密电阻箱接至直流系统中馈线的正极与地之间，调节电阻箱，在表 3 规定的范围内将产品的示数与电阻箱的整定值进行比较。

7.7.3.2 按式（7）计算馈线正极对地绝缘电阻测量精度。

$$\delta_{R_{K+}} = \frac{R_{K+} - R_S}{R_S} \times 100\% \tag{7}$$

式中：

$\delta_{R_{K+}}$ ——馈线正极对地绝缘电阻测量精度；

R_{K+} ——产品的示数；

R_S ——电阻箱的整定值。

7.7.3.3 任选 3 路馈线进行试验，馈线正极对地电阻测量精度应符合表 3 的规定。

7.7.4 馈线负极对地绝缘电阻测量精度试验

7.7.4.1 将准确度不低于±0.5%的精密电阻箱接至直流系统中馈线的负极与地之间，调节电阻箱，在表 3 规定的范围内将产品的示数与电阻箱的整定值进行比较。

7.7.4.2 按式（8）计算馈线负极对地绝缘电阻测量精度。

$$\delta_{R_{K-}} = \frac{R_{K-} - R_S}{R_S} \times 100\% \tag{8}$$

式中：

$\delta_{R_{K-}}$ ——馈线负极对地绝缘电阻测量精度；

R_{K-} ——产品的示数；

R_S ——电阻箱的整定值。

7.7.4.3 任选 3 路馈线进行试验，馈线负极对地绝缘电阻测量精度应符合表 3 的规定。

7.8 报警功能试验

7.8.1 绝缘报警功能试验

7.8.1.1 正极接地报警功能试验按下列方法进行：

a) 将精密电阻箱接至直流系统中馈线的正极与地之间，由大到小调节电阻箱的阻值，使其不大于表 4 规定的报警整定值。

b) 任选 3 路馈线进行试验，报警和支路选线应准确、及时，符合 5.5.1.2 的规定。

7.8.1.2 负极接地报警功能试验按下列方法进行：

a) 将精密电阻箱接至直流系统中馈线的负极与地之间，由大到小调节电阻箱的阻值，使其不大于表 4 规定的报警整定值。

b) 任选 3 路馈线进行试验，报警和支路选线应准确、及时，符合 5.5.1.2 的规定。

7.8.1.3 两极接地报警功能试验按下列方法进行：

a) 将两个精密电阻箱分别接至直流系统中同一馈线的正负两极与地之间，由大到小同步调节两个电阻箱的阻值，使其不大于表 4 规定的报警整定值。

b) 任选 3 路馈线进行试验，报警和支路选线应准确、及时，符合 5.5.1.2 的规定。

7.8.2 绝缘预警功能试验

7.8.2.1 将精密电阻箱接至直流系统中馈线的正极（或负极）与地之间，由大到小调节电阻箱的阻值，使其不大于表 5 规定的预警整定值。

7.8.2.2 预警和支路选线应准确动作，符合 5.5.2 的规定。

7.8.3 母线电压异常报警试验

7.8.3.1 调整与直流系统中母线相连的充电装置，使母线电压由低到高接近 5.5.3.1 规定的母线过电压报警整定值，产品应正确发出报警信息，并符合 5.5.8.3 的规定。

7.8.3.2 调整与直流系统中母线相连的充电装置，使母线电压由高到低接近 5.5.3.2 规定的母线欠电压报警整定值，产品应正确发出报警信息，并符合 5.5.8.3 的规定。

7.8.4 母线对地电压偏差报警试验

7.8.4.1 母线对地电压偏移报警试验

将两个精密电阻箱分别接至直流系统中馈线的正负两极与地之间，向变大、变小两个方向分别调节两个电阻箱的阻值，使馈线正负两极对地电压之差超过表6规定的压差报警整定值。产品应正确发出报警信息，并符合5.5.8.3的规定。

7.8.4.2 母线对地电压波动报警试验

将精密电阻箱接至直流系统中馈线的正极（或负极）与地之间，启动检测桥后，由大到小调节电阻箱的阻值，使馈线正负两极对地电压之差超过表6规定的压差报警整定值。产品应正确发出报警信息，并符合5.5.8.3的规定。

7.8.5 交流窜电报警试验

7.8.5.1 用自耦调压器将交流电压接至直流系统中馈线的正极（或负极）与地之间，由小到大调节自耦调压器，当交流电压超过5.5.5.1规定的交流窜电报警动作值时，产品应准确报警，并符合5.5.5的规定。

7.8.5.2 用自耦调压器将交流电压升至242V，并接至直流系统中馈线的正极（或负极）与地之间，产品应准确报警，并符合5.5.5的规定。

7.8.6 直流互窜报警试验

7.8.6.1 将直流系统Ⅰ段母线馈出支路与Ⅱ段母线馈出支路用金属导线直接相连，产品应准确报警，并符合5.5.6的规定。

7.8.6.2 将精密电阻箱的接线端接至直流系统Ⅰ段母线馈出支路与Ⅱ段母线馈出支路间，从10kΩ开始从大到小调节电阻箱。产品应准确报警，并符合5.5.6的规定。

7.8.7 自身异常报警试验

7.8.7.1 平衡桥故障试验

分别断开产品中平衡桥的正极电阻、负极电阻，或正负极电阻同时断开，产品应准确报警，并符合5.5.8.3的规定。

7.8.7.2 检测桥故障试验

分别断开产品中检测桥的正极电阻、负极电阻，或正负极电阻同时断开，产品应准确报警，并符合5.5.8.3的规定。

7.8.7.3 平衡桥退出功能故障试验

通过人机操作界面退出平衡桥后，将与平衡桥电阻阻值相同的两个电阻分别接至直流系统正负母线与地之间，产品应准确报警，并符合5.5.8.3的规定。

7.8.7.4 支路漏电流采样回路故障试验

断开与支路漏电流传感器相连的电缆，产品应准确报警，并符合5.5.8.3的规定。

7.8.7.5 通信故障试验

断开产品与直流电源监控装置或上位机的通信连接，产品应准确报警，并符合5.5.8.3的规定。

8 检验规则

8.1 一般要求

8.1.1 产品检验分出厂检验和型式检验两类。

8.1.2 出厂检验和型式检验的检验项目见表9。

8.2 出厂检验

每台产品均应进行出厂检验，经过质检部门确认合格后方能出厂，并具有证明产品合格的产品出厂证明书。

8.3 型式检验

8.3.1 在下列情况下，产品必须进行型式检验：

a) 连续生产的产品，应每三年对出厂检验合格的产品进行一次型式检验；

b) 当改变设计、制造工艺或主要元器件影响产品性能时，均应对首批投入生产的合格品进行型式检验；

c) 新设计投产的产品（包括转厂生产），在生产鉴定前应进行新产品定型型式检验。

8.3.2 进行型式检验时，产品如达不到 5.3~5.6 和 6.1~6.4 中任一条要求时，均按主要缺陷计算，则判定该产品不合格。

表9 出厂检验和型式检验的检验项目

序号	检 验 项 目		检验类别		技术要求	检验方法
			型式检验	出厂检验		
1	防护等级试验		√	√	5.2.3.3	7.1
2	电气绝缘性能试验	绝缘电阻测量	√	√	6.1.2	7.2.1
		介质强度试验	√	√	6.1.3	7.2.2
		冲击耐压试验	√	—	6.1.4	7.2.3
3	电磁兼容性（抗扰度）试验	静电放电抗扰度试验	√	—	6.2.3	7.3.1
		射频电磁场辐射抗扰度试验	√	—	6.2.4	7.3.2
		电快速瞬变脉冲群抗扰度试验	√	—	6.2.5	7.3.3
		浪涌（冲击）抗扰度试验	√	—	6.2.6	7.3.4
		射频场感应的传导骚扰抗扰度试验	√	—	6.2.7	7.3.5
		工频磁场抗扰度试验	√	—	6.2.8	7.3.6
		阻尼振荡磁场抗扰度试验	√	—	6.2.9	7.3.7
		振荡波抗扰度试验	√	—	6.2.10	7.3.8
		直流电源输入端口电压短时中断的抗扰度试验	√	—	6.2.11	7.3.9
4	环境试验	低温试验	√	—	6.3.2	7.4.1
		高温试验	√	—	6.3.3	7.4.2
		冲击试验	√	—	6.3.4	7.4.3
		碰撞试验	√	—	6.3.5	7.4.4
		振动试验	√	—	6.3.6.2.1	7.4.5
5	系统安全性试验	电阻分压引起保护误动试验	√	√	6.4.2 a)	7.5.1
		电容放电引起保护误动试验	√	√	6.4.2 b)	7.5.2
6	电压测量精度试验	母线电压测量精度试验	√	√	5.4.1	7.6.1
		母线正极对地电压测量精度试验	√	√	5.4.1	7.6.2
		母线负极对地电压测量精度试验	√	√	5.4.1	7.6.3
		母线对地交流电压测量精度试验	√	√	5.4.1	7.6.4
7	绝缘电阻测量精度试验	母线正极对地绝缘电阻测量精度试验	√	√	5.4.1	7.7.1
		母线负极对地绝缘电阻测量精度试验	√	√	5.4.1	7.7.2
		馈线正极对地绝缘电阻测量精度试验	√	√	5.4.1	7.7.3
		馈线负极对地绝缘电阻测量精度试验	√	√	5.4.1	7.7.4

表9（续）

序号	检 验 项 目		检验类别		技术要求	检验方法
			型式检验	出厂检验		
8	报警功能试验	绝缘报警功能试验	√	√	5.5.1	7.8.1
		绝缘预警功能试验	√	√	5.5.2	7.8.2
		母线电压异常报警试验	√	√	5.5.3	7.8.3
		母线对地电压偏差报警试验	√	√	5.5.4	7.8.4
		交流窜电报警试验	√	√	5.5.5	7.8.5
		直流互窜报警试验	√	√	5.5.6	7.8.6
		自身异常报警试验	√	√	5.5.7	7.8.7

9 标志、包装和贮运

9.1 标志

9.1.1 每套产品必须有铭牌，应安装在明显位置，铭牌上应标明以下内容：

a) 产品名称；
b) 产品型号；
c) 额定工作电压（V）；
d) 出厂编号；
e) 生产日期；
f) 制造厂名；
g) 适用标准。

9.1.2 产品外包装上应有清晰、耐久的包装贮运图示标志，图示标志应符合 GB/T 191 的规定。

9.2 包装

产品包装应采取防潮、防振措施，符合 GB/T 13384 的规定，产品随带文件及附件如下：

a) 装箱清单；
b) 出厂检验报告；
c) 合格证；
d) 使用说明书；
e) 维修专用工具和必备配件。

9.3 贮运

9.3.1 产品在运输过程中应有专用包装箱和防护措施，不应剧烈震动、冲击、暴晒、雨淋和倾倒放置。

9.3.2 产品在贮存期间，应放置在空气流通，无腐蚀性和爆炸气体的仓库内。

附 录 A

（规范性附录）

直流绝缘监测装置试验用电源与监测接口端子

A.1 试验用电源接口端子的定义

产品应具备独立的试验用电源接口。

产品的试验用电源接口端子应采用插拔式三线端子的接线插座。三个插头呈正三角形排列，上面为接地极，应标示有接地符号"⏚"，下面底边两端分别为正极和负极，顺序是左正右负（面向插座），应标示有电源正极符号"V+"和负极符号"V–"。

A.2 监测接口端子的定义

产品监测接口端子应采用插拔式四线端子的接线插座。四个插头呈一字形排列，顺序从左至右（面向插座）应为合闸母线正极、控制母线正极、控制母线负极和接地极，按直流母线分段对应设置独立四线端子插座。

产品监测接口端子，Ⅰ段应标示有合闸母线正极符号"+HM1"、控制母线正极符号"+KM1"、控制母线负极符号"–KM1"和接地极符号"⏚"，Ⅱ段应标示有合闸母线正极符号"+HM2"、控制母线正极符号"+KM2"、控制母线负极符号"–KM2"和接地极符号"⏚"。

A.3 端子排布和结构外形

A.3.1 布置要求

产品的试验用电源与监测接口端子插座应各自相对独立布置，安装位置应便于运行维护人员的拔插。

A.3.2 试验用电源接口

A.3.2.1 电源插座端子排布与标识如图 A.1 所示。

图 A.1 电源插座排布与标识

A.3.2.2 电源插座规格尺寸如图 A.2 所示。

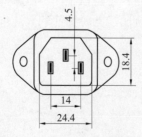

图 A.2 电源插座规格尺寸

A.3.2.3 电源插座结构外形如图 A.3 所示。

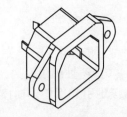

图 A.3　电源插座结构外形

A.3.3　监测接口端子

A.3.3.1　监测插座端子排布与标识如图 A.4 所示。

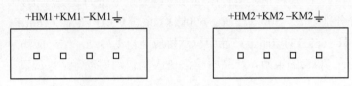

图 A.4　监测插座端子排布与标识

A.3.3.2　监测插座端子规格尺寸如图 A.5 所示。

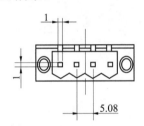

图 A.5　监测插座端子规格尺寸

A.3.3.3　监测插座结构外形如图 A.6 所示。

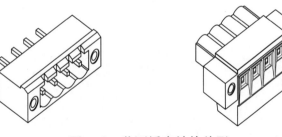

图 A.6　监测插座结构外形

附 录 B

（资料性附录）

直流系统一点接地引起保护误动模拟试验方案

为进一步考核直流电源系统绝缘监测装置是否能够有效地防止在保护出口继电器线圈正电源侧发生接地时（220V 直流系统最灵敏的继电器线圈阻值最大为 20kΩ），防止因系统正负极对地绝缘电阻分压引起保护误动，可按照以下模拟试验方案进行试验。

某直流系统标称电压为220V，正常运行中直流母线额定电压为232V，U_+=115.45V、U_-=116.55V，系统正负母线对地绝缘分别为 R_+=500kΩ、R_-=600kΩ，系统对地电容各为60μF。

将系统正极并接一只166kΩ的电阻，产品中检测桥应能自动启动，结果应满足5.5.4和6.4.2的规定。

将系统正极并接一只70kΩ的电阻，产品中检测桥应能自动启动，结果应满足5.5.4和6.4.2的规定。